CUADERNOS DE COLORES
DE ACTIVACIÓN MENTAL
NIVEL AMARILLO Nº3

Título original: Cuaderno de colores de activación mental. Nivel Amarillo nº 3
Autores: Susana Arilla Viartola, Estela Calatayud Sanz, Isabel Gómez Soria.
PRIMERA EDICIÓN: MAYO 2011.
ISBN: 978-1-4583-9630-3

EDITORIAL: LULU PRESS.RALEIGH (ESTADOS UNIDOS)

INTRODUCCION

Los cuadernos de Activación Mental constituyen una herramienta básica para el trabajo del Terapeuta Ocupacional en el área de Geriatría dando marco a uno de los principales programas dentro de esta población, la Estimulación Cognitiva y completando otros programas propios de este perfil de población (psicomotricidad, reminiscencia, músico terapia, etc.).

Cada color consta de cuatro cuadernos y cada cuaderno se estructura en cuatro ejercicios prácticos de cada aspecto cognitivo para activar las diferentes funciones mentales superiores, encontrándose en este orden:

1. Memoria.

2. Orientación.

3. Lenguaje.

4. Praxis.

5. Gnosis

6. Cálculo.

7. Percepción.

8. Razonamiento lógico.

9. Atención.

10. Programación.

Para seleccionar el nivel de dificultad se basa en una valoración previa del profesional sanitario, siguiendo las indicaciones del libro teórico" La Terapia Ocupacional en geriatría. Guía de aplicación de los cuadernos de colores de activación mental".

A la persona mayor que quiera potenciar sus capacidades mentales, sin previa valoración estandarizada le ofrecemos unas mínimas pautas para elegir el cuaderno.

Población válida -Prevención	AMARILLO	
	NARANJA	
Deterioro cognitivo- Estimulación	ROJO	
	AZUL	
	VERDE	

EJERCICIO DE MEMORIA 1

FECHAS PARA CELEBRAR

Le proponemos a continuación que sea capaz de memorizar 26 fechas con su símbolo correspondiente; es decir según los años que lleva uno casado se dice: bodas de plata (25), bodas de oro(50)..etc. Así, debe memorizar según los años de casado, que símbolo corresponde.

Verá que de 50 años pasamos a 60 y luego a 70. Somos conscientes que son muchos elementos, así que dividiremos el ejercicio, para que lo haga en 4 días sucesivos; así el primer día deberá tratar de dibujar los 13 primeros elementos correspondientes, para memorizarlo mejor. El segundo día los 13 siguientes, pero deberá recordar también los del primer día y así sucesivamente. Después semana por semana ir repasándolos, ya que al final del cuadernillo deberá escribirlos otra vez de memoria.¡ MUCHO ÁNIMO! Y recuerde que una imagen vale más que mil palabras; de ahí la importancia de hacer un dibujo que nos facilite la técnica de memorización.

El dibujo puede representar algún objeto que esté hecho de esos materiales.

PRIMER DÍA

AÑOS	ELEMENTO	DIBUJO
1	ALGODÓN	
2	CUERO	
3	TRIGO	
4	CERA	
5	MADERA	
6	CHIPRE	
7	LANA	
8	AMAPOLA	
9	LOZA	
10	ESTAÑO	
11	CORAL	
12	SEDA	
13	MUGUETTE	

SEGUNDO DÍA

AÑOS	ELEMENTO	DIBUJO
14	PLOMO	
15	CRISTAL	
16	ZAFIRO	
17	ROSA	
18	TURQUESA	
19	CRETONA	
20	PORCELANA	
21	OPALO	
22	BRONCE	
23	BERILIO	
24	RASO	
25	PLATA	
26	JADE	

EJERCICIO DE MEMORIA 2

CIENCIA Y TECNOLOGÍA

A continuación le vamos a mostrar 8 acontecimientos relacionados con la ciencia y la tecnología y el año en que se produjeron, y deberá aprenderlos de memoria durante 15 minutos. Después en la página siguiente deberá sin mirar esta página resolver el ejercicio.

1910	Inauguración del puente de Manhatan en Nueva York.
1912	Inicio de la comercialización del azafrán.
1918	Descubrimiento de la vitamina D en Estados Unidos.
1921	Albert Einstein obtiene el premio Nobel de física.
1922	Fabricación en Estados Unidos del primer receptor de radio de automóvil.
1924	Invención del altavoz.
1926	J.Logie Baird inventa la televisión.
1928	El británico Alexander Fleming descubre la penicilina.

Rellene los datos que faltan, ya sea fechas o texto, marcados en rojo:

AÑOS	DESCUBRIMIENTOS
_____	Inauguración del puente de Manhatan en _____ _____ .
1912	Inicio de la comercialización del _____ .
1918	Descubrimiento de la _____ en Estados Unidos.
19__	Albert Einstein obtiene el premio _____ de _____ .
1922	
_____	Invención del altavoz.
19___	J.Logie Baird inventa la _____ .
1928	

EJERCICIO DE MEMORIA 3

MÚSICA

A continuación le vamos a mostrar 8 acontecimientos relacionados con la MÚSICA y el año en que se produjeron, y deberá aprenderlos de memoria durante 15 minutos. Después en la página siguiente deberá sin mirar esta página resolver el ejercicio.

1938	Joaquín Rodrigo compone *El concierto de Aranjuez.*
1940	Raquel Meller canta *La Violetera* en el teatro cómico de Barcelona.
1941	La canción del año es Tatuaje, de Manuel Quiroga y Rafael León.
1942	La canción del año es mírame.
1943	Conchita Piquer triunfa como tonadillera.
1945	Manolo Caracol y Lola Flores triunfan con su arte gitano en el espectáculo *Zambra.*
1946	La canción del año es *Mi vaca Lechera.*
1948	La canción de mayor éxito en España es Francisco Alegre, de Quintero, León y Quiroga.

Rellene los datos que faltan a la derecha con el acontecimiento musical (sombreado en azul):

AÑOS	ACONTECIMIENTO MUSICAL
1938	
1940	
1941	
1942	
1943	
1945	
1946	
1948	

EJERCICIO DE MEMORIA 4

TELEVISIÓN

A continuación le vamos a mostrar 9 acontecimientos relacionados con la TELEVISIÓN y el año en que se produjeron, y deberá aprenderlos de memoria durante 15 minutos. Después en la página siguiente deberá sin mirar esta página resolver el ejercicio.

1954	Nace Eurovisión.
1956	El 28 de Octubre tiene lugar la primera emisión de Televisión Española.
1958	Gran popularidad de Mariano Medina, "El hombre del tiempo".
1959	Gran popularidad de Jesús Alvarez y Laura Valenzuela.
1961	Se emite la serie juvenil Rin-Tin-Tin, que tiene un perro como protagonista.
1962	Emisión de Bonanza.
1964	Tienen gran éxito *Los picapiedra*.
1965	Reina por un día es el programa más popular.
1966	La unión hace la fuerza es el gran concurso estrella.

Rellene la tabla con los años y los acontecimientos televisivos más importantes.

AÑOS	ACONTECIMIENTO TELEVISIVO

EJERCICIO DE ORIENTACIÓN 1

Escriba cada uno de los siguientes lugares de interés natural en el continente donde se encuentran.

Lago Victoria	Himalaya	Atlas	Los Fiordos
Fujiyama	Selva Amazonas	Isla de Creta	Río Ganges
Desierto del Sahara	Los Alpes	Siberia	Sierra Nevada
Cataratas del Niágara	Presa de Asuán	Tierra del fuego	Parque de Yellowstone

AFRICA	AMÉRICA	ASIA	EUROPA

EJERCICIO DE ORIENTACIÓN 2

Le presentamos un mapa de España con las provincias que la forman, fíjese para realizar el ejercicio de la página siguiente.

Escriba el nombre de cada ciudad española y después conteste a las preguntas de la página siguiente:

EJERCICIO DE ORIENTACIÓN 3

Observe cada reloj y escriba la hora que marca.

Si añadimos a cada reloj 70 minutos más ¿Qué hora sería?

EJERCICIO DE ORIENTACIÓN 4

Escriba debajo de cada reloj, el tiempo que falta para que sean las 3 y cuarto (horas, minutos y segundos ¡Atención también al segundero!).

EJERCICIO DE LENGUAJE 1

Defina las siguientes palabras y después, con grupos de tres, invente una frase.

SERVILLETA	
CHUVASQUERO	
TOBOGÁN	
HUCHA	
RALLADOR	
EMBUDO	
HORNO	
SUELA	
LADRILLO	

EJERCICIO DE LENGUAJE 2

En el siguiente texto (de Camilo Cruz, de su libro: "La Ley de la Atracción") deberá separar con líneas verticales las palabras para que el texto sea legible. Después debe volver a copiar bien el texto, debajo, con todos los signos de puntuación. A continuación deberá escribir el resumen de este texto y por último copiar veinte veces la afirmación positiva, sintiéndola, hasta que la haga suya, en situaciones de su vida cotidiana.

Creando una salud óptima con nuestra manera de pensar

Lasaludylaenfermedad,aligualquelascircunstancias,tienensuraízenlos pensamientos.Lospensamientosenfermizosseexpresanatravésdeuncuerpo enfermo.

Sedicequelospensamientosdetemormatanaunapersonatanrápidocomouna bala,ycontinuamentematanmilesdepersonas,quizásnoconlamismarapidez,per osíconigualefectividad.Engeneral,lospensamientosnocivosterminanpordestrui rel sistema nervioso.

Deotrolado,pensamientosenergéticosdepurezayoptimismoproducenen elcuerpovigoryenergía.Elcuerpoesuninstrumentomuyfrágilyelástico,que responderápidamentealospensamientosquelodominan.Tardeotemprano,estos produciránsusefectos,asíseanpositivosonegativos.

JameAllenafirmaquemientrascontinuemosalbergandopensamientos nocivosennuestramente,nuestrocuerponoestarátotalmentesano.Deuncorazón limpioysanoemanaunavidayuncuerpoigualmentelimpiosysanos.Deunamente contaminadaprocedeunavidayuncuerpoenfermizosycontaminados.El pensamientoeslafuentedelavida,detodaacciónymanifestación;construyeuna fuentequesealimpia puraytodoatualrededorserá igual.

Ladieta,porejemplo,noayudaráfísicamenteaaquellapersonaqueserehúsea cambiarsumaneradepensar.

COPIE AQUÍ EL TEXTO COMPLETO

EJERCICIO DE LENGUAJE 3

Diga el nombre de tres componentes que tenga la palabra de la izquierda.

- o Unas gafas   patillas   cristales   montura

- o Un reloj

- o Una silla

- o Un teléfono

- o Un árbol

- o Una chaqueta

- o Una guitarra

- o Una moto

- o Unos zapatos

- o Una radio

- o Una lámpara

- o Un paraguas

- o Una bicicleta

EJERCICIO DE LENGUAJE 4

Clasifique estos personajes según su profesión, anotándolos en la tabla oportuna (SOLUCIÓN EN PÁG 64).

Severo Ochoa/ Sancho Gracia/Frank Sinatra/ Alberto Oliveras/ Rosita Moreno/ Luis de Galinsoga/ Palomo Linares/Chevrolet/ Angel Nieto /Valentino Mazzola/ Ramón y Cajal/Rosario /Charles Chaplin/José Gómez" Gallito"/ José Ortega y Gasset/ Muñoz Seca/ Mariano Medina/ Albert Einstein /Elvis Presley/ La Bella Otero/Ciriaco/ Joselito/ Lluís Companys/ Luis del Olmo/Blanca Álvarez/Alexander Fleming/ Lola Flores/ Jhon Ford/ Ricardo Zamora/Domingo Ortega/ Miguel Mihura/Joaquin Soler/ Laura Valenzuela/ Ignacio Barraquer/Manolo Caracol/Fritz Lang/ Valenti Castanys /Julio Belmonte/ Álvaro de la Iglesia/ Pepe Iglesias"El zorro"/Chicho Ibáñez Serrador/ KiKo Legard /Sigmund Freud/ Enrico Carus/ Florian Rey/ Luis Ocaña/ Diego Puerta

Ciencia y tecnología:

Música:

Cine:

Deportes:

Toreo:

Prensa:

Radio:

Televisión:

EJERCICIO DE PRAXIS 1

Copie en la siguiente página el siguiente plano a todo detalle y píntelo igual.

EJERCICIO DE PRAXIS 2

Dibuje debajo de cada billete o moneda la copia, píntelo después.

EJERCICIO DE PRAXIS 3

Copie el dibujo en el parte de la derecha, después píntelo.

EJERCICIO DE PRAXIS 4

Copie el dibujo en el parte de la derecha, después píntelo.

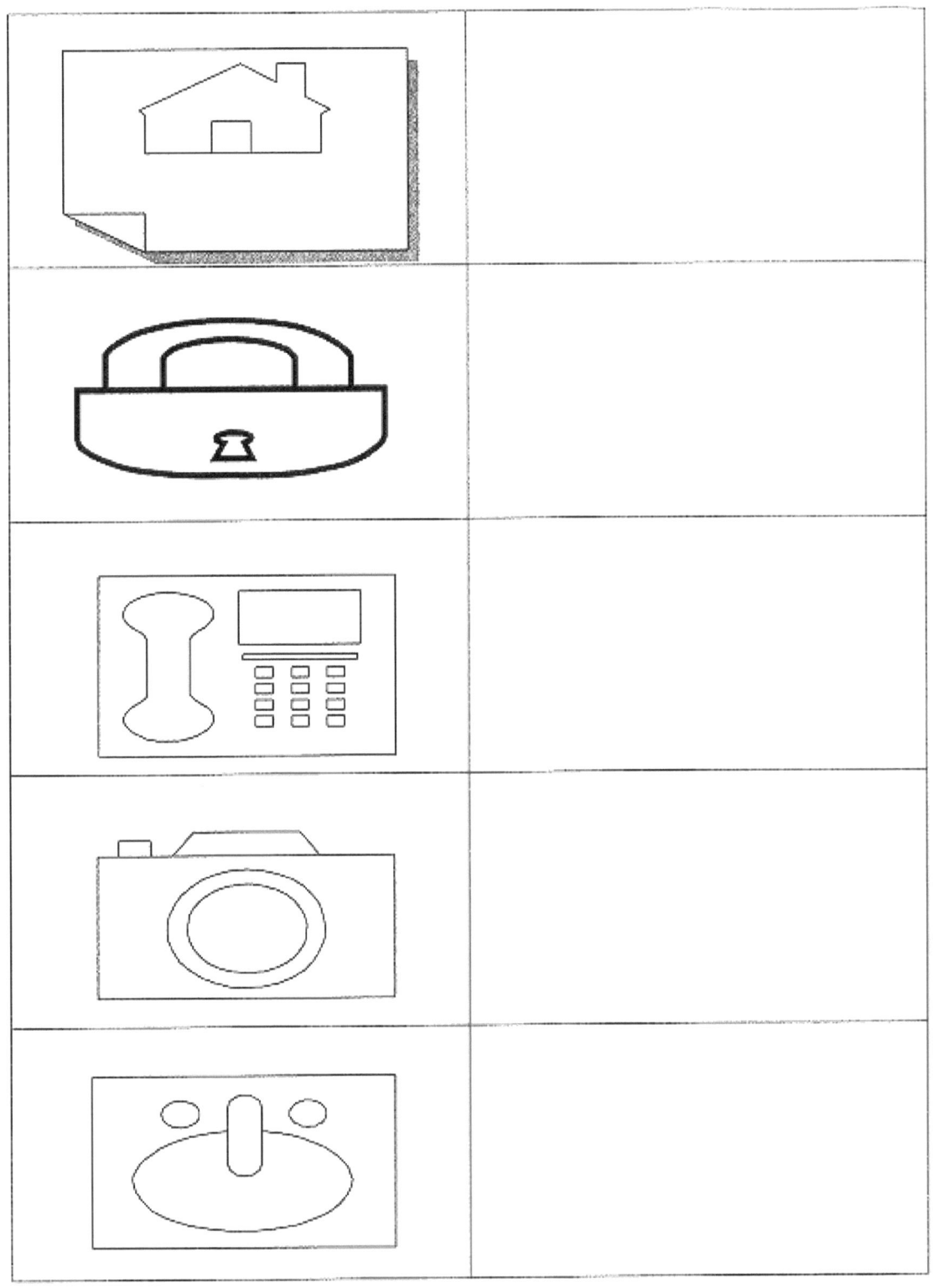

EJERCICIO DE GNOSIS 1

Ponga nombre a cada uno de estos monumentos y el lugar donde se encuentra.

EJERCICIO DE GNOSIS 2

Ponga el nombre de las comunidades autónomas de España, al lado se su bandera: Andalucía (tiene tres franjas horizontales), Aragón, Asturias (sus colores son azul y amarillo), Canarias (tres franjas verticales), Cantabria (roja, blanca y con escudo), Castilla y León (fíjese en los castillos y leones), Ceuta (blanco y negro), Galicia (franja diagonal), Navarra.

EJERCICIO DE GNOSIS 3

Mire la imagen y en la parte inferior haga una descripción de la escena y de los elementos que aparecen en ella.

EJERCICIO DE GNOSIS 4

Mire la imagen y en la parte inferior haga una descripción de la escena y de los elementos que aparecen en ella.

EJERCICIO DE CALCULO 1

Siga las instrucciones y calcule:

6583

Forme la cifra más baja_____

Forme una cifra impar_____

Forme la cifra más alta_____

Forme una cifra que empiece por tres y acabe por 6_____

Lea las cifras que ha escrito.

24939

Forme la cifra más alta_____

Forme una cifra que empiece por 3 y a cabe por 9_____

Forme una cifra que empiece y acabe por el mismo número_____

Forme una cifra par_____

Lea las cifras que ha escrito.

20112

Forme la cifra más baja_____

Forme una cifra que empiece por 1 y a cabe por 0_____

Forme una cifra que acabe por dos números iguales_____

Forme una cifra capicúa_____

Lea las cifras que ha escrito.

EJERCICIO DE CALCULO 2

Rellene los recuadros en blanco con los números que faltan de manera que la suma de las filas y de las columnas sea el número que se indica en cada caso, en las zonas sombreadas en gris:

2	3		10
2		4	10
	3	1	10
10	10	10	

2		8	20
	4	11	20
13	6		20
20	20	20	

8	4		14
3		5	14
	4	7	14
14	14	14	

5		10	25
17	5		25
			25
25	25	25	

4	9		23
14		7	23
	3	1	23
23	23	23	

13		13	39
10	17		39
			39
39	39	39	

15	21		50
		10	50
15		26	50
50	50	50	

	30	37	100
		39	100
		24	100
100	100	100	

EJERCICIO DE CÁLCULO 3

Sume las cantidades que le presentamos a continuación.

EJERCICIO DE CÁLCULO 4

¿Qué número se esconde en cada casilla?, recuerde

c = centena,

d = decena

u = unidades.

30+ □ = 32	60+5= □	20+ □ = 72	60+5= □	20+ □ = 91
40+ □ = 52	□ + 6 = 42	80+ □ = 91	□ + 3 = 72	80+ □ = 100
una decena menos que treinta y siete	35 + 9= □	el posterior a cuarenta y cuatro	20+2= □	el anterior a setenta
3 d + 4 u	□ + 13 = 42	8+ □ = 21	2 c + 7 d + 3 u	95+82= □
una decena menos que cien	45 + 9= □	el anterior a cuarenta	20+15= □	25+82= □

EJERCICIO DE PERCEPCIÓN 1

Complete cada una de las casas para que sea como la primera. En algunos casos precisará de typex.

EJERCICIO DE PERCEPCIÓN 2

Agrupe cada acción con el sentido que corresponda.

lamer	saborear	oler	rozar	escuchar
divisar	oír	avistar	resonar	degustar
palpar	apestar	observar	acariciar	desoír
husmear	cosquillear	catar	otear	olisquear

Vista	Oído	Olfato	Tacto	Gusto

EJERCICIO DE PERCEPCIÓN 3

Complete los dibujos de la derecha para que sea igual que el modelo de la izquierda.

EJERCICIO DE PERCEPCIÓN 4

Observe las figuras y señale aquella que correspondería al modelo (situado en la parte izquierda), si hubiésemos realizado un giro hacia la derecha.

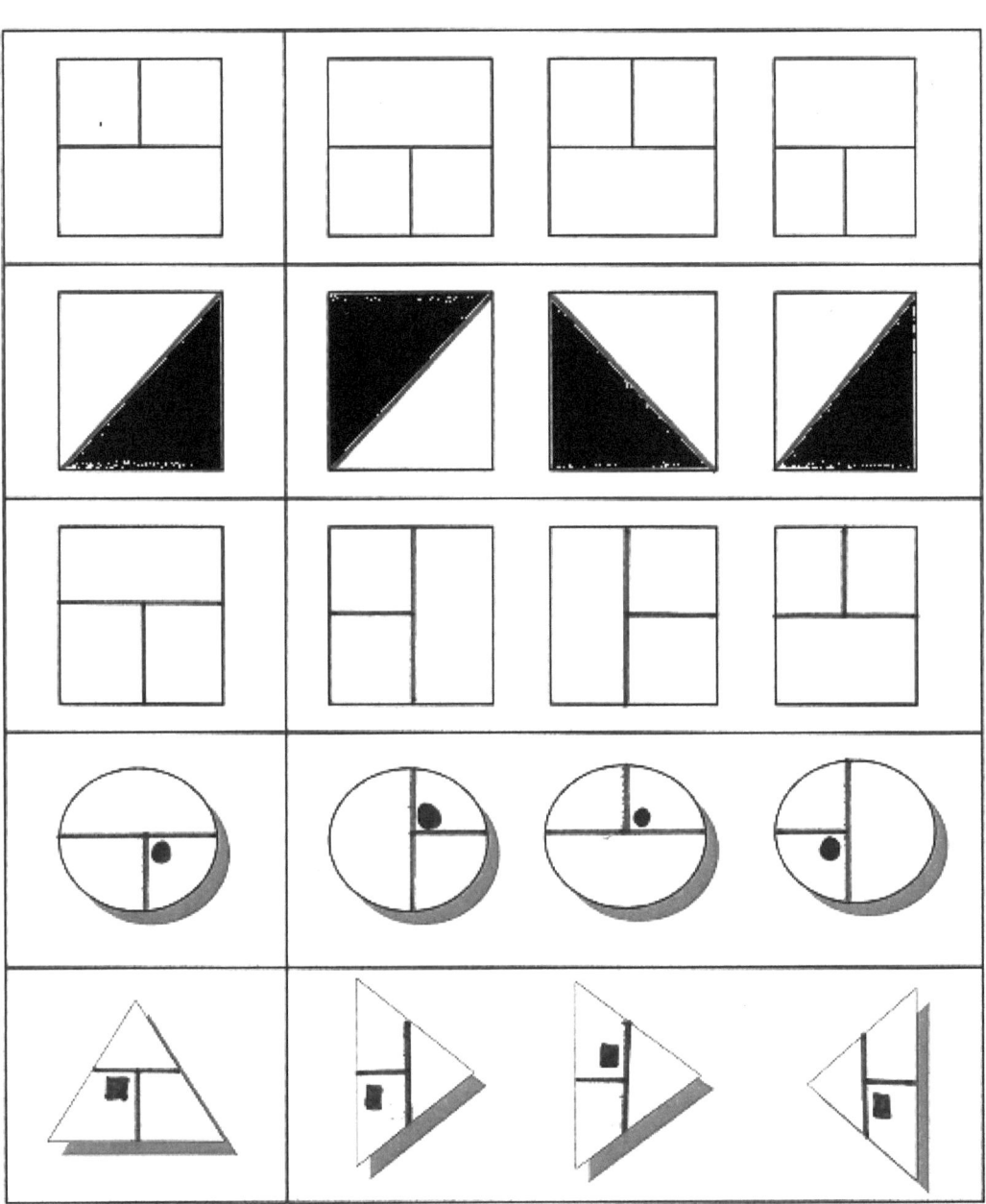

EJERCICIO DE RAZONAMIENTO 1

Resuelva los siguientes ejercicios:

EXAMEN DE HISTORIA. De las siguientes afirmaciones. ¿cuáles son las dos que tomadas conjuntamente, prueban en forma concluyente que una o más niñas aprobaron el examen de historia?

    a) Algunas niñas son casi tan competentes en historia como los niños.

    b) Las niñas que hicieron el examen de historia eran más que los niños.

    c) Más de la mitad de los niños aprobaron el examen.

    d) Menos de la mitad de todos los alumnos fueron suspendidos.

PUEBLOS. A lo largo de una carretera hay cuatro pueblos seguidos: los Rojos viven al lado de los Verdes pero no de los Grises; los Azules no viven al lado de los Grises. ¿Quiénes son pues los vecinos de los Grises?

EL TEST. Tomás, Pedro, Jaime, Susana y Julia realizaron un test. Julia obtuvo mayor puntuación que Tomás, Jaime puntuó más bajo que Pedro pero más alto que Susana, y Pedro logró menos puntos que Tomás. ¿Quién obtuvo la puntuación más alta?

(SOLUCIONES PÁG. 55)

EJERCICIO DE RAZONAMIENTO 2

Complete las siguientes analogías verbales fijándose en el ejemplo.

Ej. "cerca es a lejos como rápido es a despacio"

- Los BOTONES son al ABRIGO como los CORDONES son a:

- VERDE es a HIERBA como AMARILLO es a:

- CUCARACHA es a INSECTO como ROSA es a:

- ALTO es a DEPORTE como BAJO es a :

- El AZÚCAR es a DULCE como la SAL es a:

- PERSEGUIR es a CAPTURAR como BUSCAR es a:

- COMER es al HAMBRE como BEBER es a:

- INEPTITUD es a TORPEZA como IGUALDAD es a :

- LAVAR es a ENSUCIAR como PARTICIPACIÓN es a:

- VASO es a COPA como AGUA es a :

- .... es a IMAGEN como RADIO es a:

- .... es a POESIA como NOVELISTA es a :

- .... es a PALABRAS como PARTITURA es a:

- ALTO es a BAJO como DÍA es a:

- COCHE es a TRANSPORTE como PERRO es a:

- El LIMÓN es a ÁCIDO como el CAFÉ es a:

(SOLUCIÓN EN PÁG. 55)

EJERCICIO DE RAZONAMIENTO 3

Complete los nombres de este árbol genealógico de la familia de Antonio. Para averiguarlo, lea con atención el siguiente texto, añada si es necesario la familia que se le relata en el mismo.

ANTONIO

Los padres de Antonio se llaman Luis y Amelia. Amelia nació en Santiago de Compostela. Sus padres Benito y Carmen continúan viviendo en Galicia. Antonio tiene una tía paterna que le encanta la cocina, trabaja en un restaurante que lleva su nombre "Rosa de madrugada".

La sobrina de Rosa se llama Laura y le encantan los animales. Laura tiene unos abuelos paternos que se llaman Javier y Mari Luz.

Benito y Carmen tienen dos hijas y cuatro nietos que se llaman Laura, Antonio, Susana y Pedro.

EJERCICIO DE RAZONAMIENTO 4

Resuelva las siguientes Adivinanzas

1. Muy bonito por delante, muy feo por detrás, me transformo a cada instante e imito a los demás.

2. Son mis colores tan brillantes que el cielo alegro en un instante.

3. Tronco abajo, tronco arriba, luciendo mi larga cola, nadie en rapidez me gana; corriendo, me quedo sola.

4. Lleva años en el mar y aun no sabe nadar.

5. Zumba que te zumbarás, van y vienen sin descanso, de flor en flor trajinando y nuestra vida endulzando.

6. En rincones y entre ramas mis redes voy construyendo, para que moscas incautas, en ellas vayan cayendo.

7. Si dices mi nombre se rompe.

8. Tiene yemas y no es huevo; tiene copa, no es sombrero; tiene hojas y no es libro; ¿Que es pues lo que os digo?.

9. Soy un color muy brillante que al azul no puedo ver, porque cuando estoy con él me pone verde al instante.

(SOLUCIÓN EN PÁG 55)

EJERCICIO DE ATENCIÓN 1

Encuentre los animales que aparecen a continuación, enumeremos y por ultimo cuenta la cantidad que hay de cada uno.

EJERCICIO DE ATENCIÓN 2

Busque en la página siguiente, los elementos que le faltan a cada una de las casillas de esta página para completar el equipo de nieve (imagen 1). Anote en la página siguiente el número correspondiente.

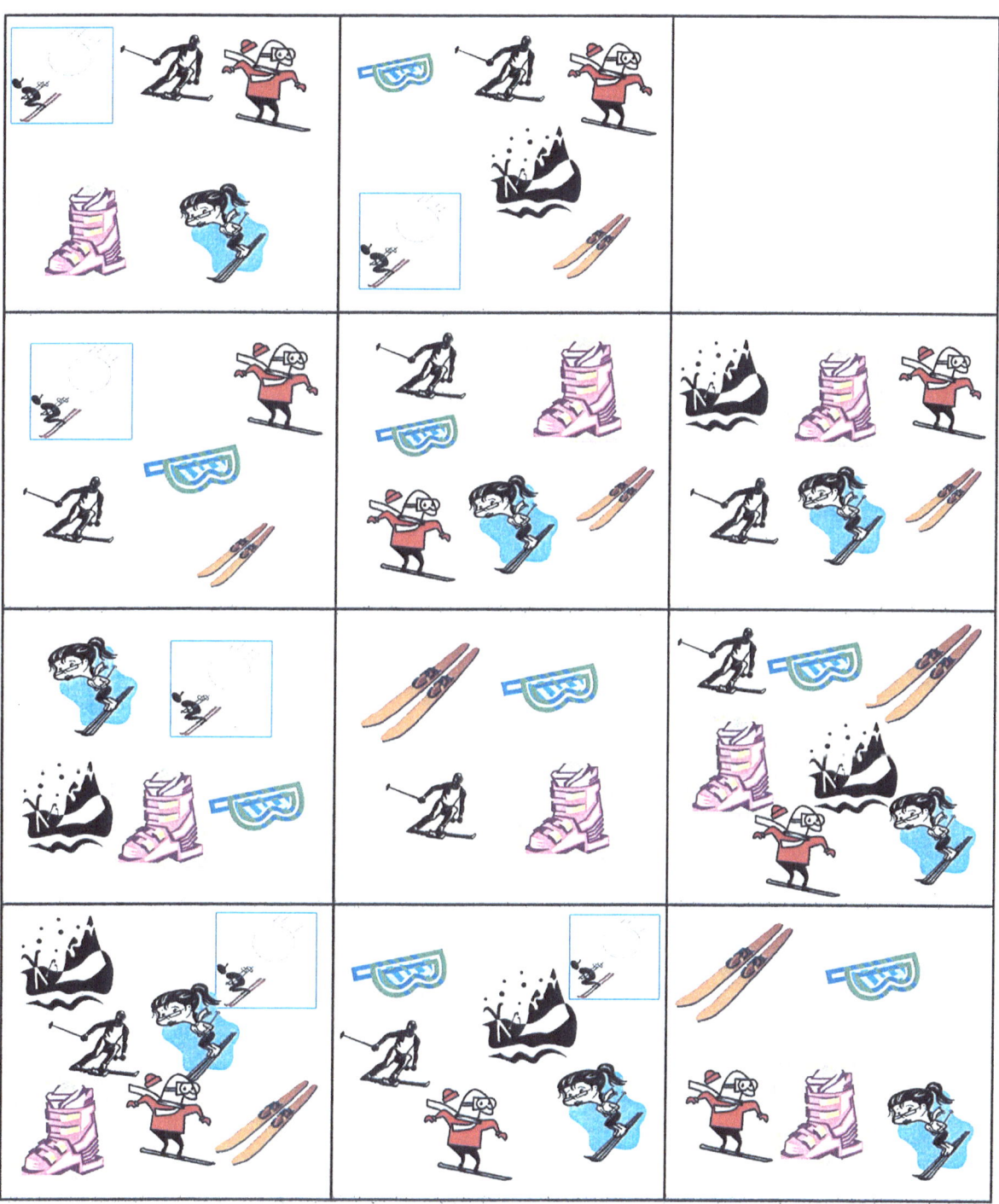

EJERCICIO DE ATENCIÓN 3

Marque en la segunda y tercera casa, las diferencias que encuentre con respecto a la primera.

EJERCICIO DE ATENCIÓN 4

Resuelva los siguientes Sudokus.

Nivel Muy Fácil

1

Nivel Fácil

2

(SOLUCIÓN EN PÁG 56)

EJERCICIO DE PROGRAMACIÓN 1

Describa los pasos necesarios para:

Declaración de la Renta.

Para hacer un muro.

Para guardar dinero en el banco.

Para hacer una paella.

EJERCICIO DE PROGRAMACIÓN 2

Describa los pasos necesarios para:

Cambiar la rueda de un coche.

Para abrir un candado.

Para arreglar un grifo.

Para lustrar unos zapatos.

Describa los pasos necesarios para:

Para desinfectar una herida.

Para hacer un puré.

Para podar un árbol.

Para teñirse el pelo.

EJERCICIO DE PROGRAMACIÓN 3

Describa los pasos necesarios para:

Para enviar un paquete.

Para hacer una tortilla de patata.

Para evitar las picaduras de los insectos.

Para buscar un número de teléfono.

EJERCICIO DE PROGRAMACIÓN 4

Dibuje un reloj y coloque las manecillas correspondientes para cada situación.

Marque la hora en la que se levanta.

Marque una hora antes de lo que se levanta habitualmente.

Marque la hora en la que desayuna.

Marque la hora en que hace sus actividades habituales de la mañana, por ejemplo ir a comprar.

Marque la hora en qué merienda.

Marque la hora en qué cena.

Marque la hora en qué se acuesta.

SOLUCIONES

EJERCICIO DE LENGUAJE 4

CIENCIA Y TECNOLOGÍA	Ramón y Cajal	Albert Einstein	Alexander Fleming	Ignacio Barraquer	Sigmund Freud	Severo Ochoa
MÚSICA	Rosario	Elvis Presley	Lola Flores	Manolo Caracol	Enrico Caruso	Frank Sinatra
CINE	Charles Chaplin	La Bella Otero	Jhon Ford	Fritz Lang	Florian Rey	Rosita Moreno
DEPORTES	Chevrolet	Ciriaco	Ricardo Zamora	Angel Nieto	Luis Ocaña	Valentino Mazzola
TOREO	José Gómez " Gallito"	Joselito	Domingo Ortega	Julio Belmonte	Diego Puerta	Palomo Linares
PRENSA	José Ortega y Gasset	Lluís Companys	Miguel Mihura	Álvaro de la Iglesia	Valenti Castanys	Luis de Galinsoga
RADIO	Muñoz Seca	Luis del Olmo	Joaquin Soler	Pepe Iglesias"El zoro"	Angel Casas	Alberto Oliveras
TELEVISIÓN	Mariano Medina	Blanca Álvarez	Laura Valenzuela	Chicho Ibáñez Serrador	KiKo Legard	Sancho Gracia

EJERCICIO DE RAZONAMIENTO 1

EXAMEN DE HISTORIA. b) y d). / PUEBLOS. Los verdes. / EL TEST- Julia

EJERCICIO DE RAZONAMIENTO 2

(1- los zapatos, 2 -sol, 3 - flor, 4 - inactividad, 5 -salado, 6 -encontrar, 7 -sed,

8 -parecido, 9 – inhibición, 10 - río, 11- televisión-sonido, 12- poeta-novela, 13- libro-notas,1 4- noche, 15 - animal, 16 - amargo)

EJERCICIO DE RAZONAMIENTO 4

(1 - el espejo, 2 - el arco iris, 3 - la ardilla, 4 - arena, 5 – abejas, 6- la araña, 7- el silencio,

8- el árbol, 9- amarillo).

EJERCICIO DE ATENCIÓN 2 SUDOKUS

6	7	2	5	9	4	8	3	1
3	4	9	8	1	6	7	2	5
1	8	5	3	2	7	4	9	6
4	9	8	1	5	2	6	7	3
7	5	3	4	6	9	1	8	2
2	1	6	7	3	8	5	4	9
9	3	4	6	7	1	2	5	8
8	2	1	9	4	5	3	6	7
5	6	7	2	8	3	9	1	4

www.sudokusweb.com

1	3	7	2	8	6	4	9	5
9	5	2	1	4	7	8	6	3
6	8	4	3	5	9	2	1	7
7	1	6	9	2	8	3	5	4
4	9	8	5	3	1	7	2	6
5	2	3	7	6	4	1	8	9
8	6	5	4	1	3	9	7	2
3	7	1	6	9	2	5	4	8
2	4	9	8	7	5	6	3	1

www.sudokusweb.com

1   2